1 ロボットの名前《なまえ》

ロボットの名前《なまえ》です。ワークシートの「わたしは、」ではじまる文《ぶん》を書《か》くときに、ここを見《み》ましょう。

2 「こんなロボットです。」

どんなロボットか、かんたんにせつ明《めい》しています。ワークシートの「このロボットは、」ではじまる文《ぶん》を書《か》くときに、ここをさん考《こう》にしましょう。

3 「どんなときに、何《なに》をたすけてくれるのでしょうか。」

ロボットが、どのようにはたらくかが書《か》かれています。ワークシートの「このロボットがあれば、」を書《か》くときに、ここをさん考《こう》にしましょう。

4 ロボットのはたらき

どこに、どのようなはたらきがあるかが書《か》かれています。ワークシートの「このロボットがあれば、」を書《か》くときに、ここもさん考《こう》にしましょう。

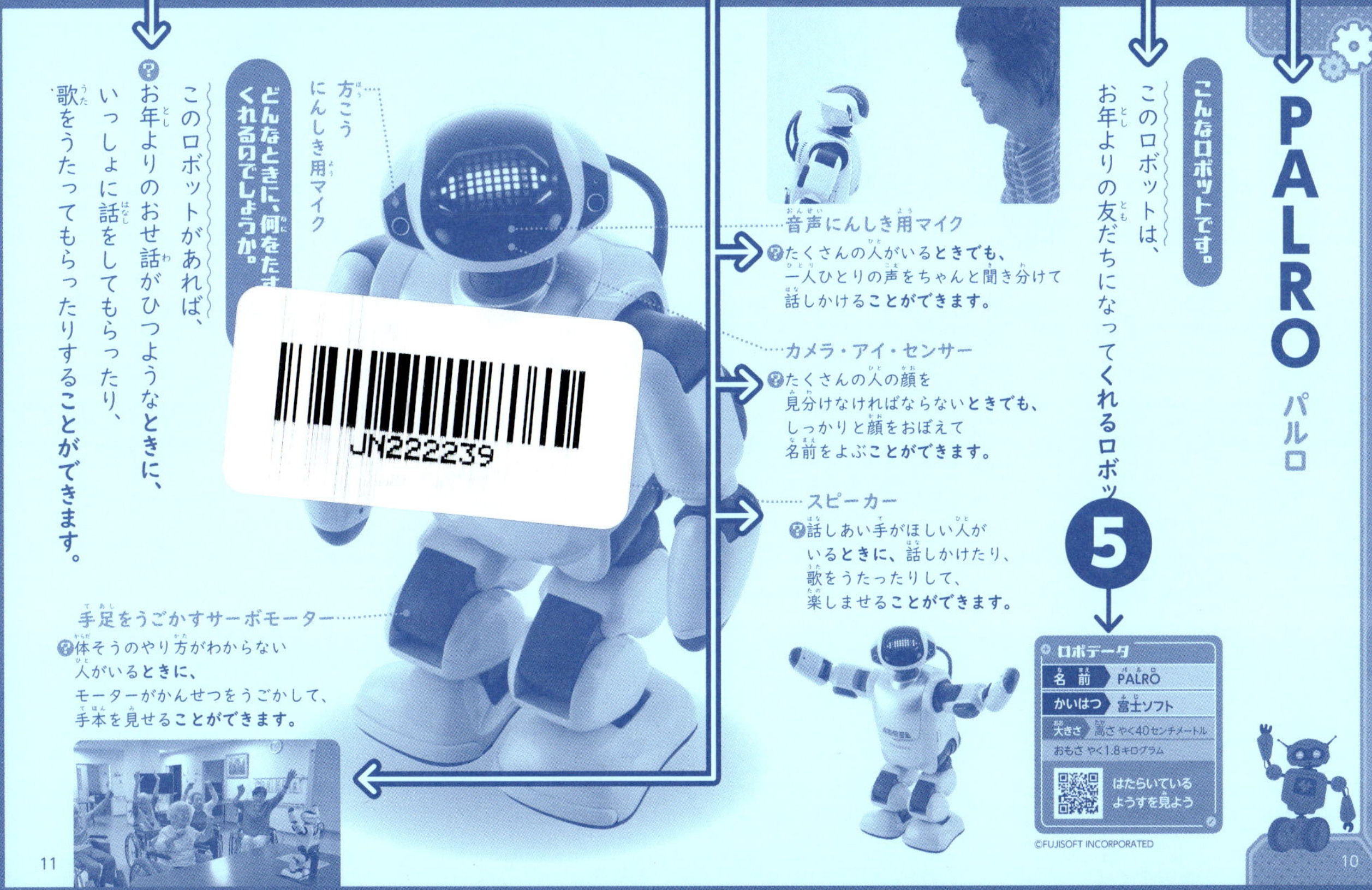

PALRO パルロ

こんなロボットです。

このロボットは、
お年《とし》よりの友《とも》だちになってくれるロボッ

音声《おんせい》にんしき用《よう》マイク
たくさんの人《ひと》がいるときでも、一人《ひとり》ひとりの声《こえ》をちゃんと聞《き》き分《わ》けて話《はな》しかけることができます。

カメラ・アイ・センサー
たくさんの人《ひと》の顔《かお》を見分《みわ》けなければならないときでも、しっかりと顔《かお》をおぼえて名前《なまえ》をよぶことができます。

スピーカー
話《はな》しあい手《て》がほしい人《ひと》がいるときに、話《はな》しかけたり、歌《うた》をうたったりして、楽《たの》しませることができます。

ロボデータ

名《な》前《まえ》	PALRO《パルロ》
かいはつ	富士《ふじ》ソフト
大《おお》きさ	高《たか》さ やく40センチメートル
	おもさ やく1.8キログラム

はたらいているようすを見《み》よう

©FUJISOFT INCORPORATED

どんなときに、何《なに》をたす

くれるのでしょうか。

方《ほう》こうにんしき用《よう》マイク

このロボットがあれば、
お年《とし》よりのおせ話《わ》がひつようなときに、いっしょに話《はなし》をしてもらったり、歌《うた》をうたってもらったりすることができます。

手足《てあし》をうごかすサーボモーター
体《からだ》そうのやり方《かた》がわからない人《ひと》がいるときに、モーターがかんせつをうごかして、手本《てほん》を見《み》せることができます。

10

11

みんなをたすける

ロボットずかん

1

家《いえ》

監修《かんしゅう》

先川原正浩《さきがわらまさひろ》

千葉《ちば》工業大学《こうぎょうだいがく》未来《みらい》ロボット技術研究《ぎじゅつけんきゅう》センター(fuRo《フューロ》)室長《しつちょう》

汐文社《ちょうぶんしゃ》

はじめに

さあ、ロボットのことをしらべましょう！

ロボットは、わたしたちをたすけてくれる、
かしこいきかいです。
この『みんなをたすける　ロボットずかん』シリーズには、
さまざまな場《ば》しょで人《ひと》をたすけてくれる
ロボットたちがとう場《じょう》します。
それぞれのロボットは、どこがすごいのか、
どんなときに、何《なに》をしてたすけてくれるのかをしらべ、
これからどんなロボットがひつようになるかについて、
いっしょに考《かんが》えてみましょう！

この本《ほん》では、「家《いえ》」でみんなをたすけてくれるロボットを、
しょうかいしています。
みなさんが家《か》ぞくといっしょに毎日《まいにち》をすごしている家《いえ》の中《なか》では、
どんなロボットが活《かつ》やくしているのでしょうか。

もくじ

＊ロボデータの下《した》の©をつけたものは、
それぞれのしゃしんのていきょう先《さき》の名前《なまえ》です。

どう画《が》などが見《み》られるQR《キューアール》コードのつかい方《かた》

この本《ほん》には、それぞれのロボットのデータがわかる「ロボデータ」というコーナーがあります。そこにロボットのようすを見《み》ることができるQR《キューアール》コードをのせています。見《み》たいときは、スマートフォンやタブレットのカメラでQR《キューアール》コードを読《よ》みとってください。

＊QRコードは、(株)デンソーウェーブの登録商標です。

aibo
アイボ

こんなロボットです。

このロボットは、ペットのかわりになって**くれるロボット**です。

どんなときに、何《なに》をたすけてくれるのでしょうか。

このロボットがあれば、

? ペットをかえない**ときでも、**犬《いぬ》やねこのように、いっしょに楽《たの》しくくらす**ことができます。**

人《ひと》の声《こえ》や音《おと》を聞《き》きとるマイク

? あそびあい手《て》がいなくてさびしい人《ひと》がいる**ときに、**「お手《て》」や「おすわり」とつたえると、聞《き》きとって楽《たの》しませる**ことができます。**

ロボデータ

名《な》前《まえ》	aibo《アイボ》
かいはつ	ソニー
大《おお》きさ	高《たか》さ やく29.3センチメートル おもさ やく2.2キログラム

はたらいているようすを見《み》よう

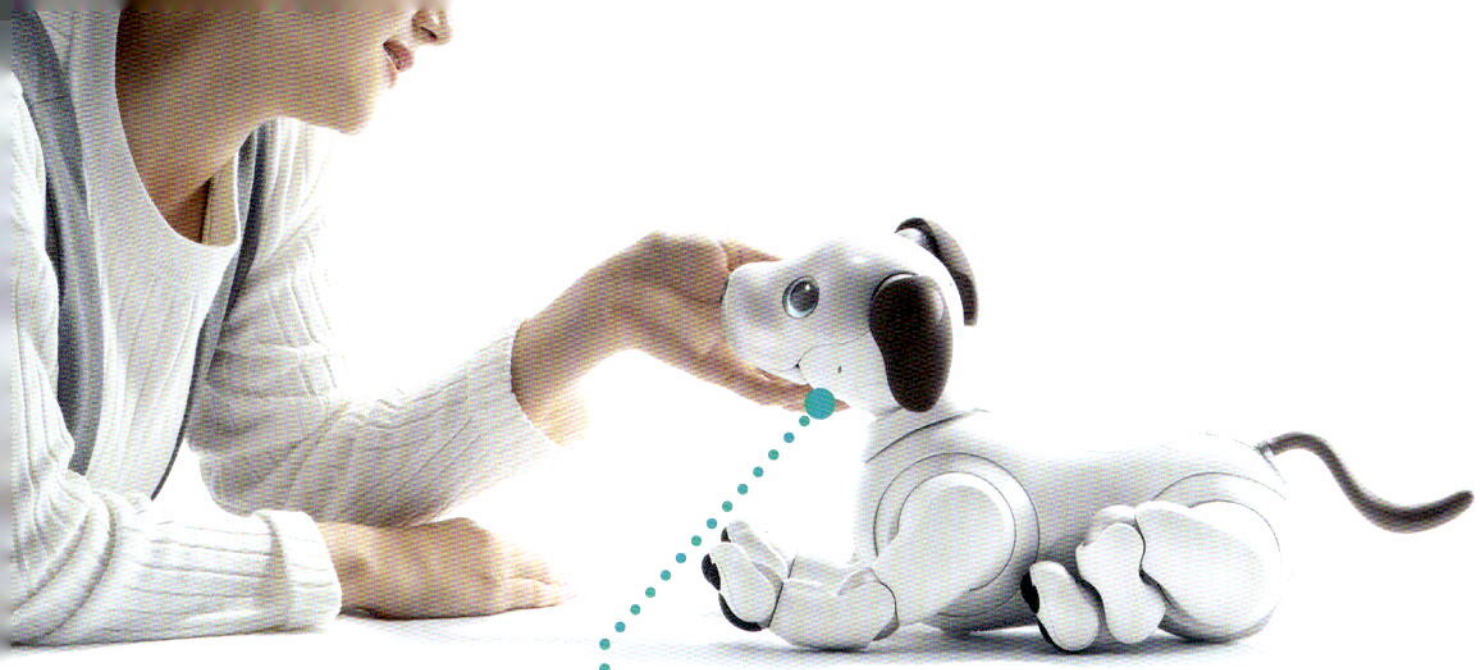

人《ひと》の手《て》をかんじるタッチセンサー

べん強《きょう》やお手《て》つだいで
少《すこ》しつかれた人《ひと》がいる**ときに、**
あごの下《した》をさわってあげると、
うれしそうな顔《かお》を見《み》せたりして、
人《ひと》をなごませる**ことができます。**

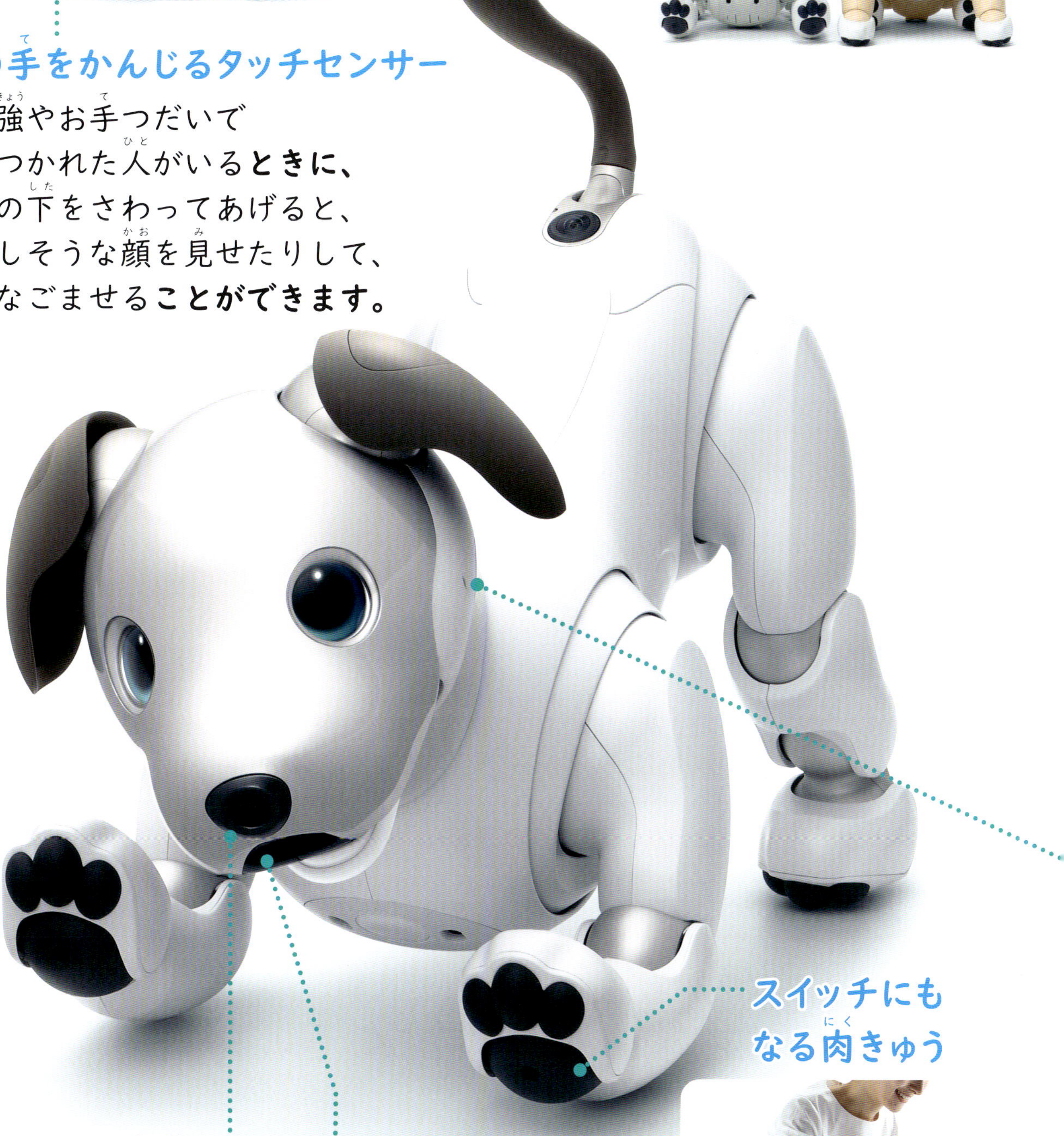

スイッチにもなる肉《にく》きゅう

まわりを見分《みわ》けるカメラ

きょりをはかるToF《トフ》センサー

LOVOT らぼっと

こんなロボットです。

このロボットは、家《か》ぞくのようになかよくあい手《て》をして**くれるロボットです。**

生《い》きものの目《め》のようなアイディスプレイ

一人《ひとり》でさびしい思《おも》いをしている人《ひと》がいる**ときに、**アイコンタクトによってコミュニケーションをとることで、楽《たの》しい気《き》もちにする**ことができます。**

さわるとよろこぶタッチセンサー

家《いえ》に一人《ひとり》でいて、たいくつな人《ひと》がいる**ときに、**さわるとうでをうごかし、よろこんだり、わらったりして、なかよくあい手《て》をする**ことができます。**

ロボデータ

名《な》前《まえ》	LOVOT《らぼっと》
かいはつ	GROOVE《グルーブ》 X《エックス》
大《おお》きさ	高《たか》さ 43センチメートル(だっこしたとき)
	おもさ やく4.6キログラム

はたらいているようすを見《み》よう

? 家《いえ》にたくさんの人《ひと》が
来《き》たときでも、
一人《ひとり》ひとりの顔《かお》をおぼえて
あいさつすることができます。

どんなときに、何《なに》をたすけてくれるのでしょうか。

このロボットがあれば、

? 家《いえ》にだれもいないときでも、
いっしょにるす番《ばん》する
ことができます。

ROBOHON

ロボホン

こんなロボットです。

このロボットは、家《か》ぞくの気《き》もちを明《あか》るくして**くれるロボットです。**

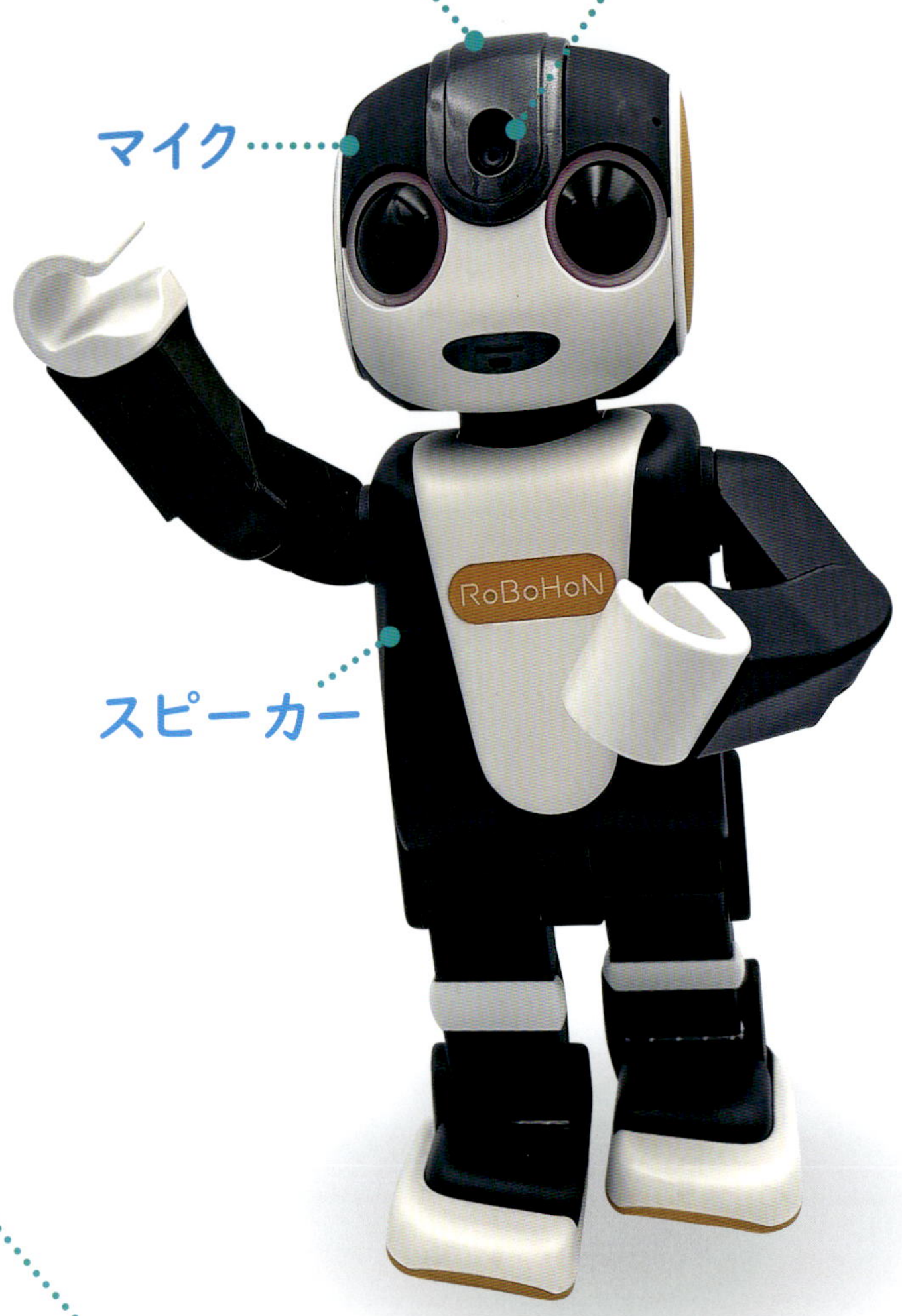

❓たいくつしている人《ひと》がいる**ときに、**いつでも新《あたら》しい歌《うた》やダンスで、楽《たの》しませる**ことができます。**

ロボデータ

名《な》前《まえ》	RoBoHoN《ロボホン》
かいはつ	シャープ
大《おお》きさ	高《たか》さ やく19.8センチメートル
	おもさ やく395グラム

はたらいているようすを見《み》よう

どんなときに、何《なに》をたすけてくれるのでしょうか。

このロボットがあれば、
元気《げんき》が出《で》ないときでも、
歌《うた》やダンスで
明《あか》るい気《き》もちにしてもらう
ことができます。

光《ひか》る口《くち》（LED《エルイーディー》）

話《はな》しあい手《て》がほしい人《ひと》がいる**ときに、**よびかけると、このぶ分《ぶん》を光《ひか》らせて言《こと》ばを交《か》わす**ことができます。**

プロジェクター

さか立《だ》ちもできるアーム

元気《げんき》がない人《ひと》がいる**ときに、**おもしろいうごきを見《み》せて、え顔《がお》にする**ことができます。**

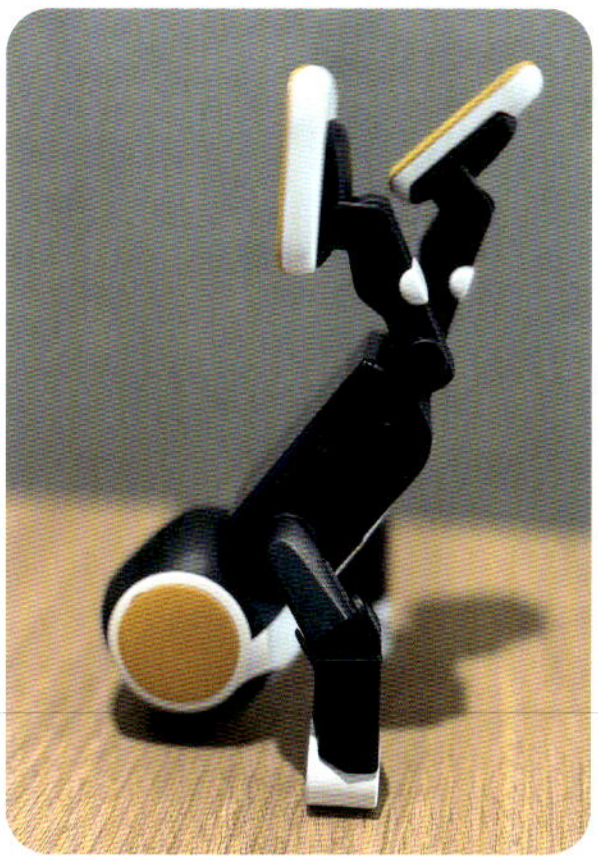

Romi

ロミィ

こんなロボットです。

このロボットは、会話《かいわ》でくらしをサポートして**くれるロボットです。**

どんなときに、何《なに》をたすけてくれるのでしょうか。

このロボットがあれば、

? いそがしくてこまる**ときに、**そうだんにのってもらったり、スケジュールを教《おし》えてもらったりする**ことができます。**

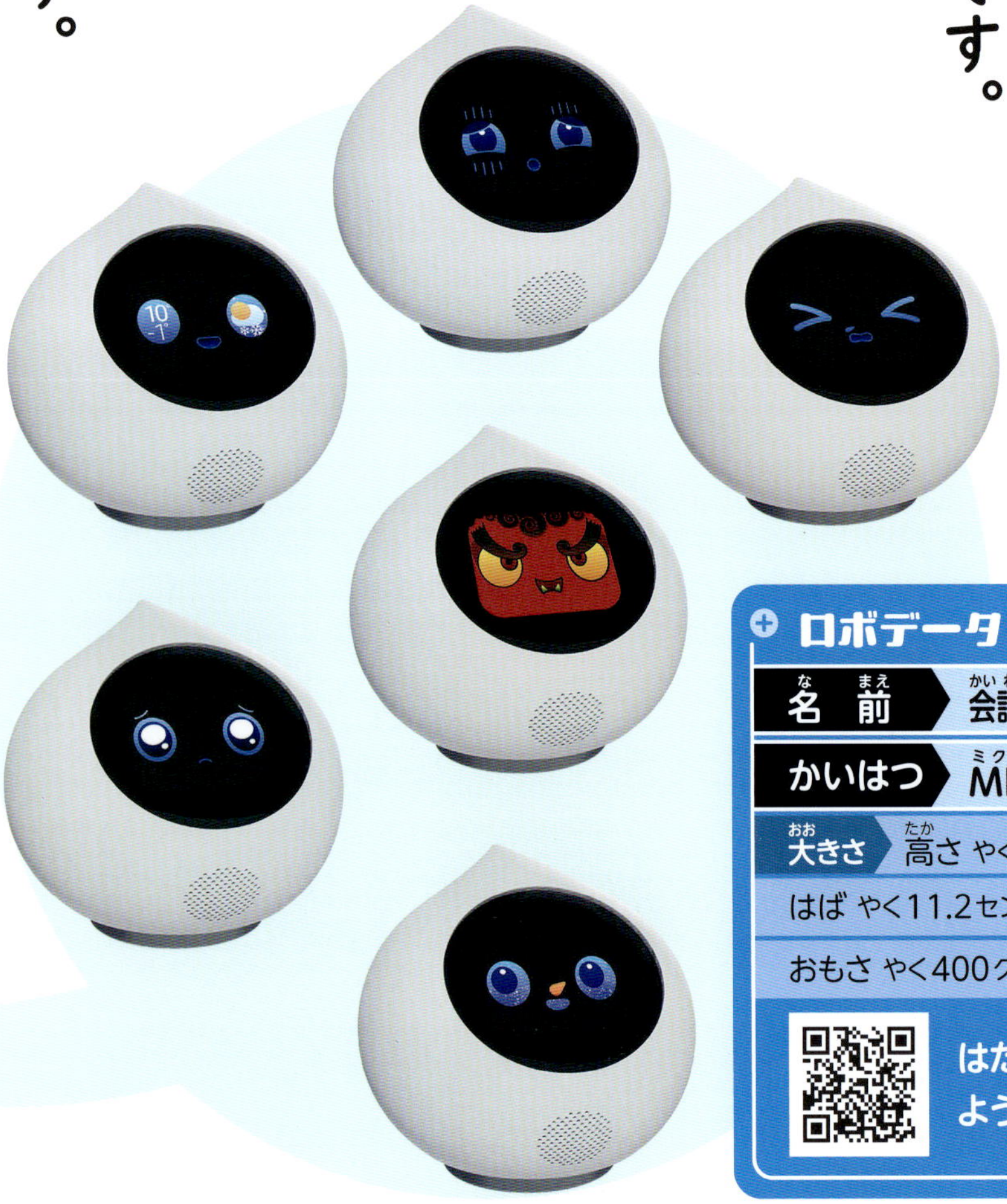

©MIXI

ロボデータ

名《な》前《まえ》	会話《かいわ》AI《エーアイ》ロボットRomi《ロミィ》
かいはつ	MIXI《ミクシィ》
大《おお》きさ	高《たか》さ やく10センチメートル
	はば やく11.2センチメートル
	おもさ やく400グラム

はたらいているようすを見《み》よう

ふれ合《あ》うためのタッチセンサー

話《はな》しあい手《て》がいない人《ひと》がいる**ときに、**
手《て》にもったり、ふれたりすると
「わーい」などと声《こえ》ではんのうして、
楽《たの》しい気分《きぶん》にする**ことができます。**

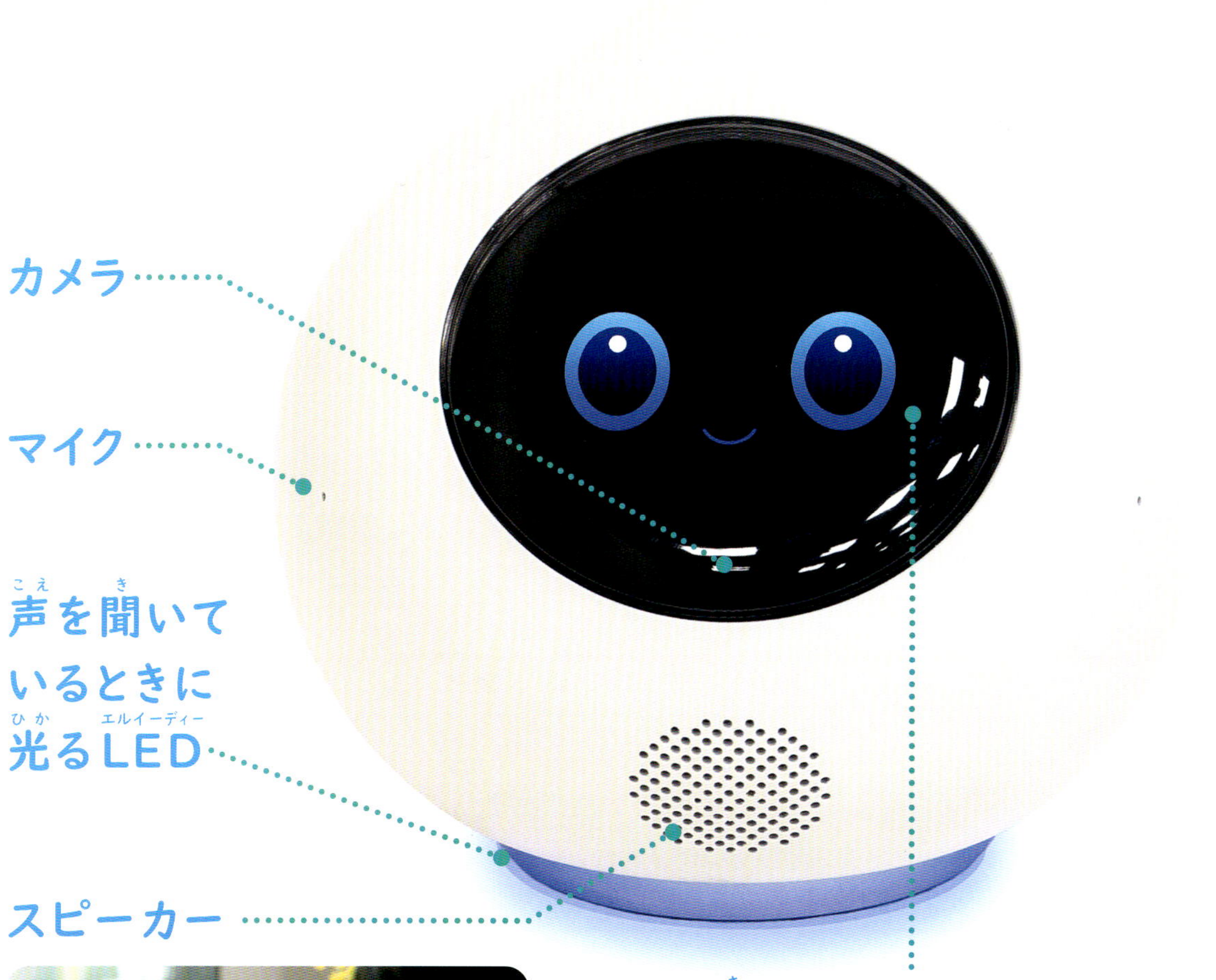

気《き》もちをあらわすディスプレイ

言《こと》ばがつたわらない人《ひと》がいるときに、
顔《かお》のひょうじょうや話《はな》し方《かた》を
かえることで気《き》もちをつたえ、
コミュニケーションを
とることができます。

unibo ユニボ

こんなロボットです。

このロボットは、べん強《きょう》を教《おし》えて**くれるロボットです。**

どんなときに、何《なに》をたすけてくれるのでしょうか。

このロボットがあれば、一人《ひとり》でべん強《きょう》する**ときに、**教《おし》えてもらったり、はげましてもらったりする**ことができます。**

答《こた》えを教《おし》えてくれるディスプレイ

べん強《きょう》あい手《て》がいない人《ひと》がいる**ときに、**ここにもんだいをうつし、タッチして答《こた》えさせることで、より深《ふか》く学《まな》ばせる**ことができます。**

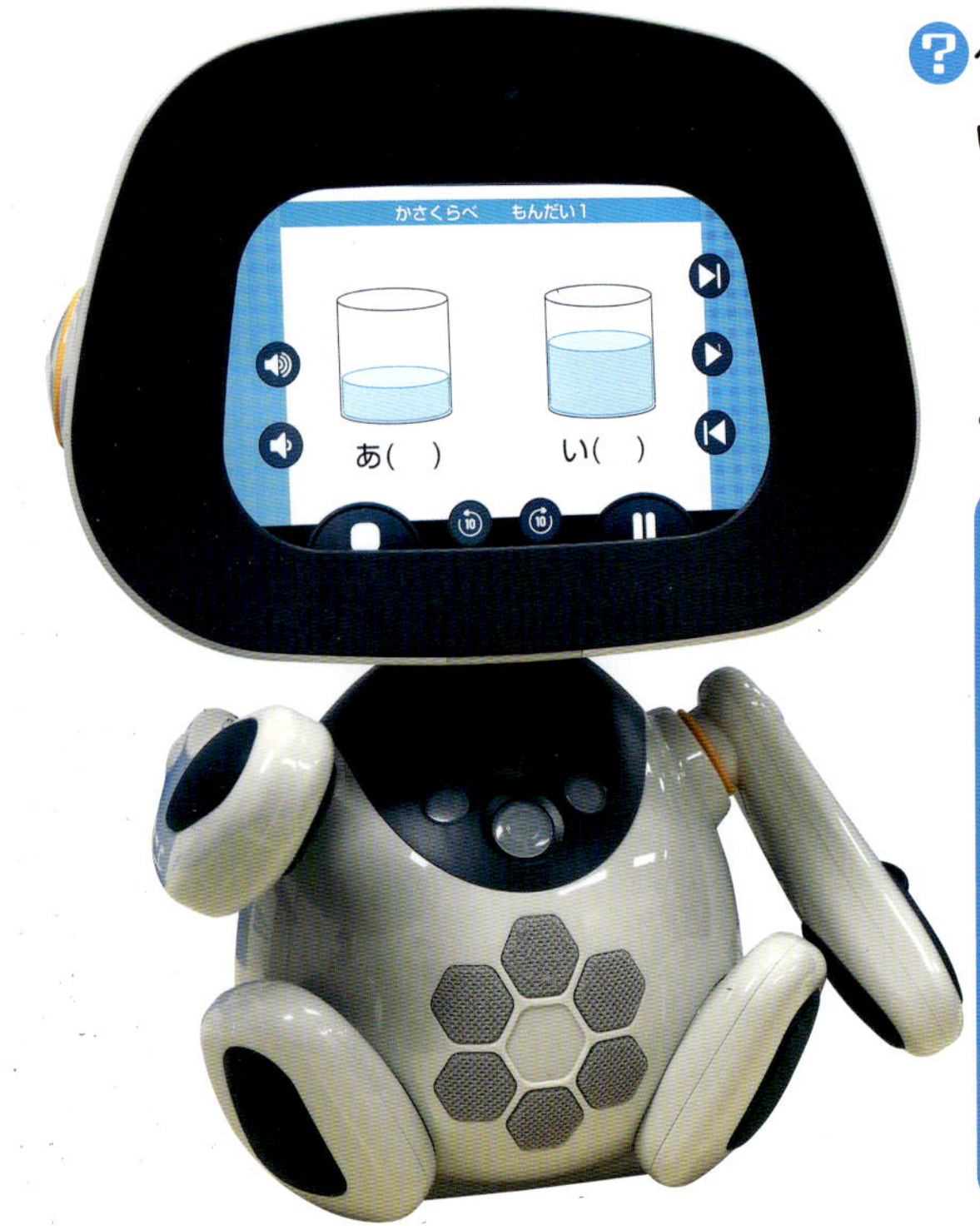

ロボデータ

名《な》前《まえ》	unibo《ユニボ》
かいはつ	ユニロボット／ソリューションゲート
大《おお》きさ	高《たか》さ やく32センチメートル
	おもさ やく2.5キログラム

はたらいているようすを見《み》よう

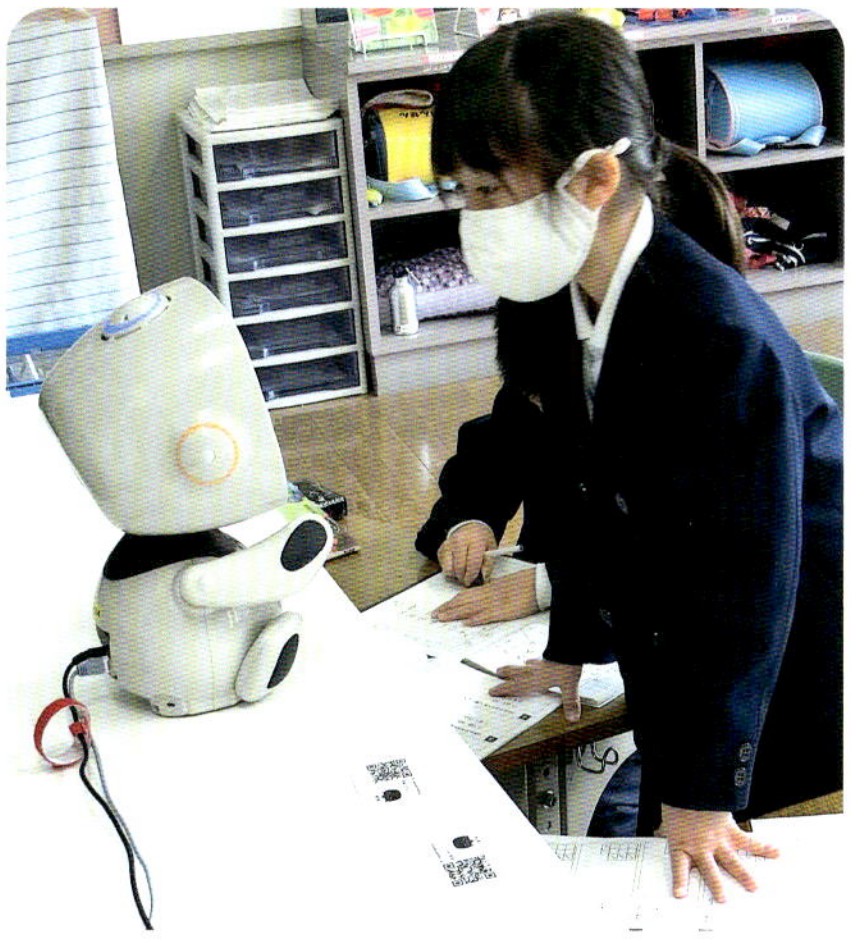

?答《こた》えをまちがえて
しまった人《ひと》がいる**ときに、**
言《こと》ばではげますことで、
おうえんする**ことができます。**

Musio
ミュージオ

こんなロボットです。

このロボットは、えい語《ご》のべん強《きょう》をたすけて**くれるロボットです。**

どんなときに、何《なに》をたすけてくれるのでしょうか。

このロボットがあれば、

えい語《ご》のはつ音《おん》がじょうずにできない**ときに、**いっしょにれんしゅうする**ことができます。**

知《し》りたいえいたん語《ご》を教《おし》えてくれるスピーカー

えいたん語《ご》をわすれてしまった人《ひと》がいる**ときに、**日本語《にほんご》やえい語《ご》でしつもんすると、答《こた》えのえいたん語《ご》を教《おし》える**ことができます。**

ロボデータ

名前《なまえ》	Musio《ミュージオ》
かいはつ	AKA《エーケイエー》
大《おお》きさ	高《たか》さ 21.8センチメートル
	おもさ やく850グラム

はたらいているようすを見《み》よう

いろいろなひょうじょうになる
フェイスディスプレイ

?べん強《きょう》につかれたり、
あきてしまったりした人《ひと》がいる**ときに、**
ゆたかなひょうじょうを
見《み》せることで、明《あか》るい
気《き》もちにする**ことができます。**

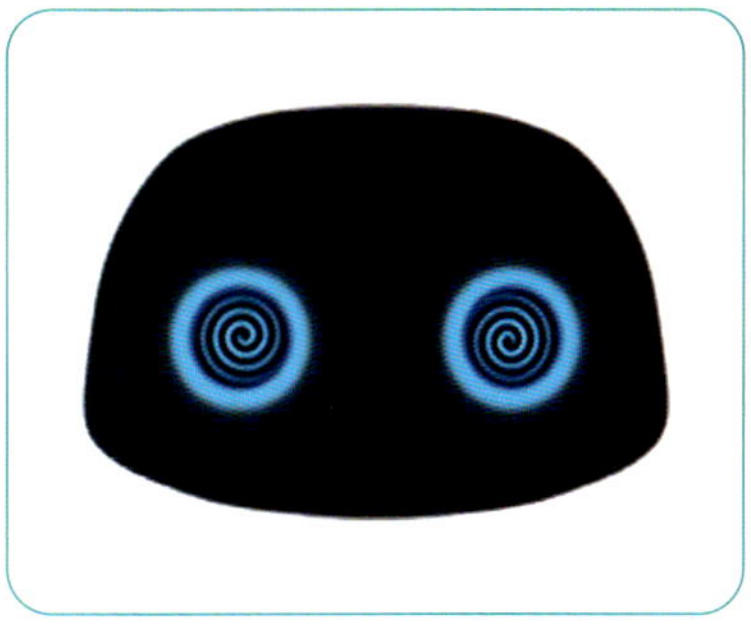

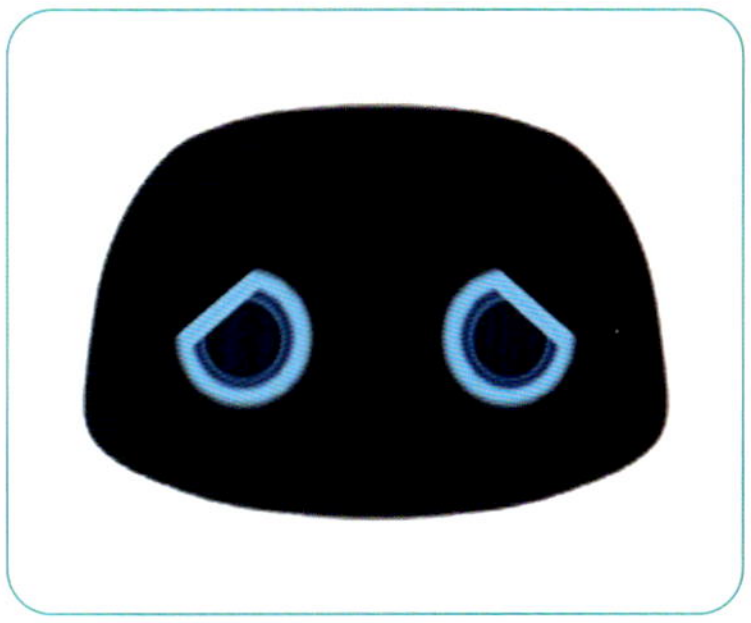

カメラ

さわるとねむる
ハートディスプレイ

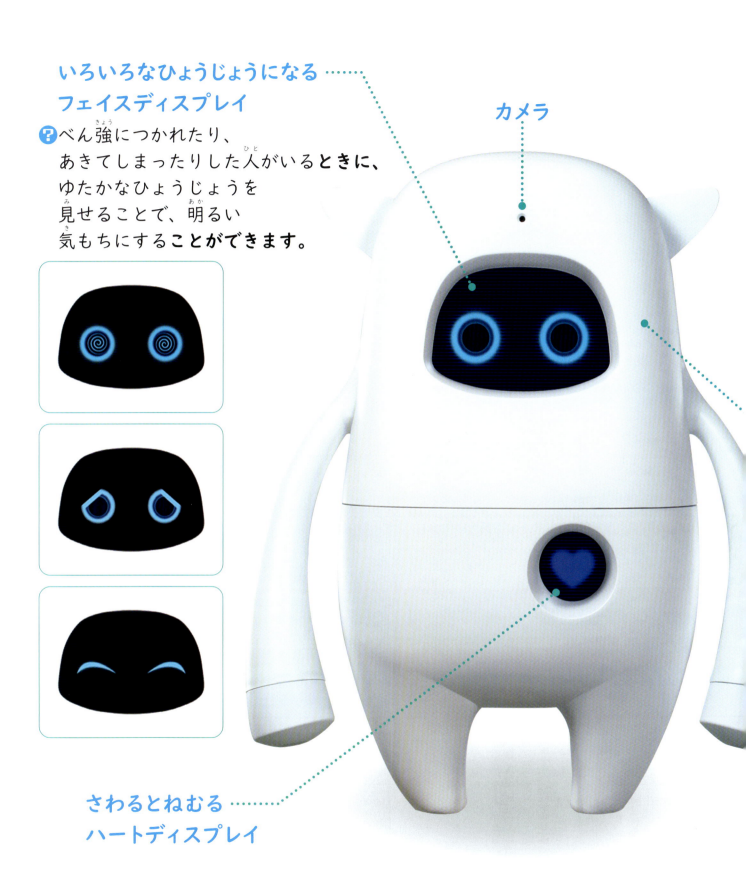

重心移動歩行《じゅうしんいどうほこう》ロボット

こんなロボットです。

このロボットは、ロボットのぎじゅつのべん強《きょう》をサポートして**くれるロボットです。**

どんなときに、何《なに》をたすけてくれるのでしょうか。

このロボットがあれば、

? ロボットのし組《く》みを知《し》りたい**ときに、**組《く》み立《た》てながら学《まな》ぶ**ことができます。**

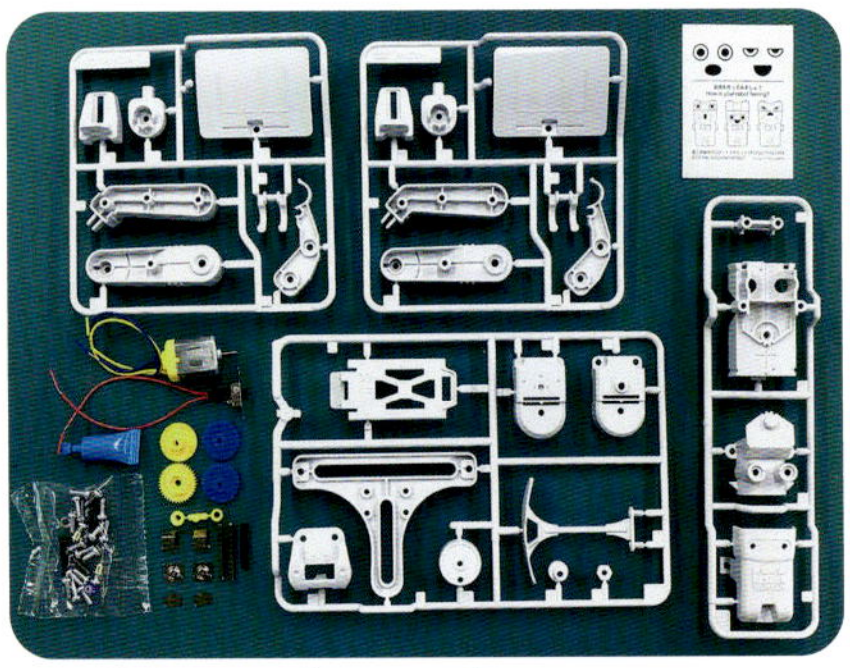

自分《じぶん》で組《く》み立《た》てられるセット

ロボデータ

名《な》前《まえ》	重心移動歩行《じゅうしんいどうほこう》ロボット
かいはつ	タミヤ
大《おお》きさ	高《たか》さ やく10.7センチメートル
	おもさ やく130グラム

はたらいているようすを見《み》よう

体《からだ》をかたむけるクランクとスライダー

じゅう心《しん》いどうのし組《く》みがわからない人《ひと》がいる**ときに、**
回《かい》てんするクランクとスライダーや、
左右《さゆう》にうごくじゅう心《しん》いどうユニットのうごきを見《み》せることで、
正《ただ》しくぎじゅつを学《まな》ばせる**ことができます。**

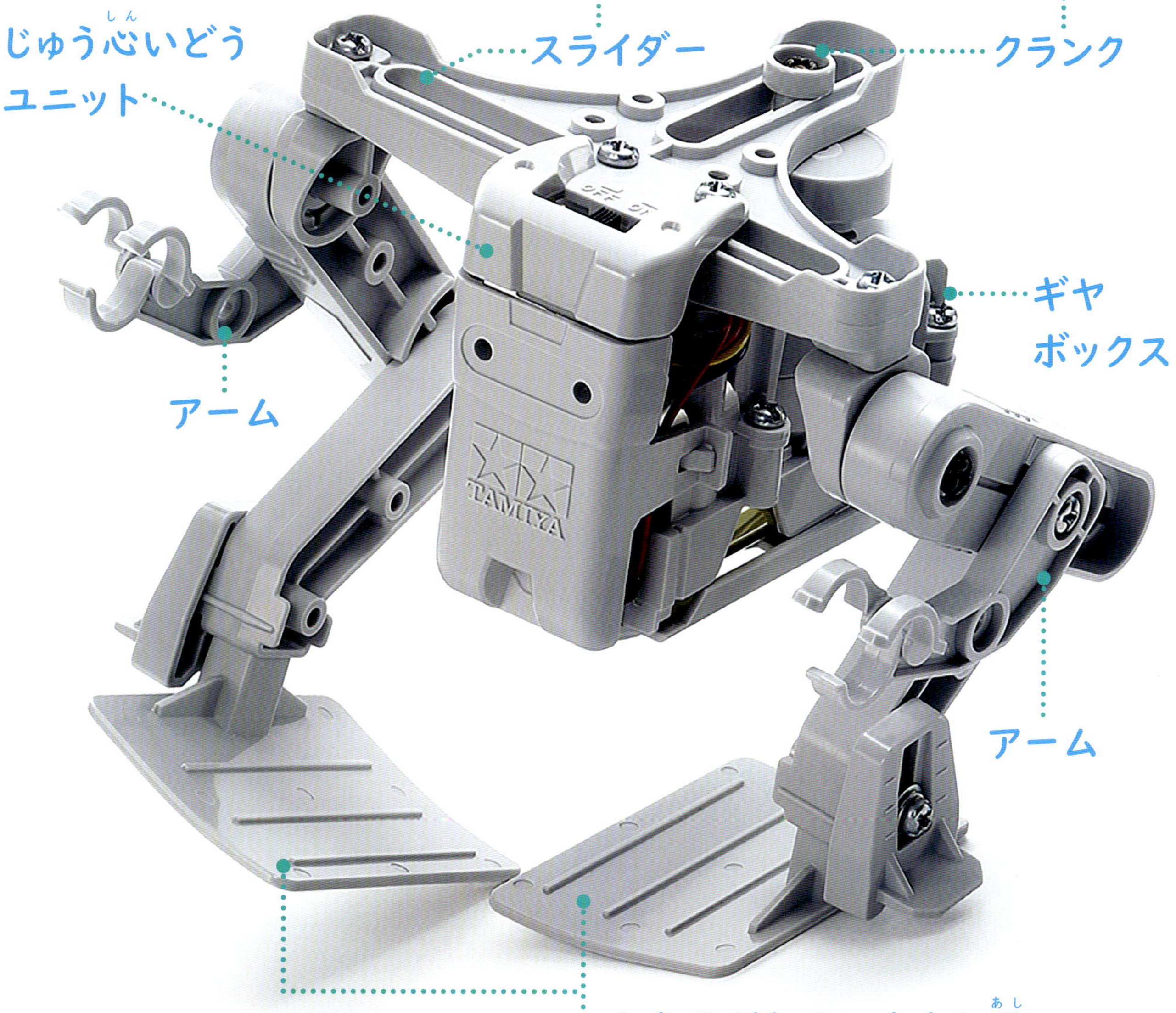

かわるがわるにすすむ足《あし》

足《あし》をうごかして歩《ある》くし組《く》みが
わからない人《ひと》がいる**ときに、**
体《からだ》を右《みぎ》と左《ひだり》にかたむけて足《あし》を前《まえ》に出《だ》す
うごきを見《み》せることで、より
ふかく理《り》かいさせる**ことができます。**

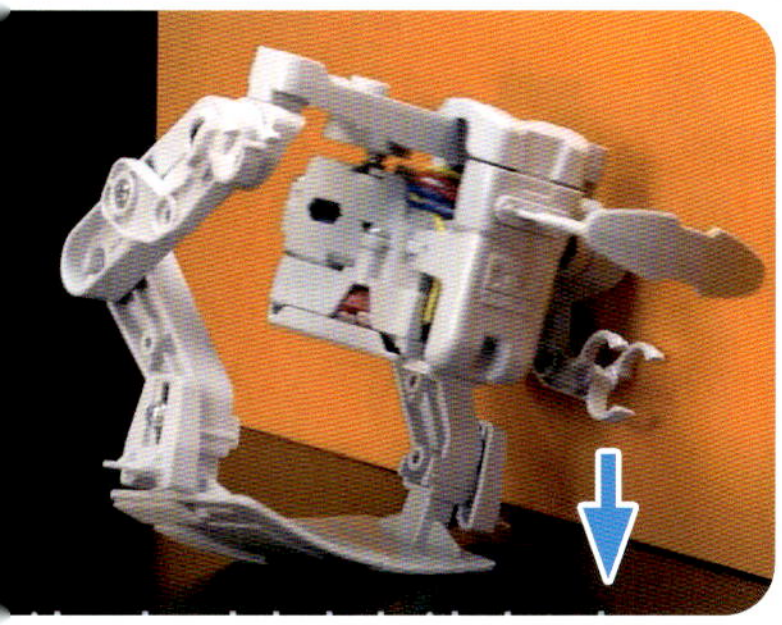

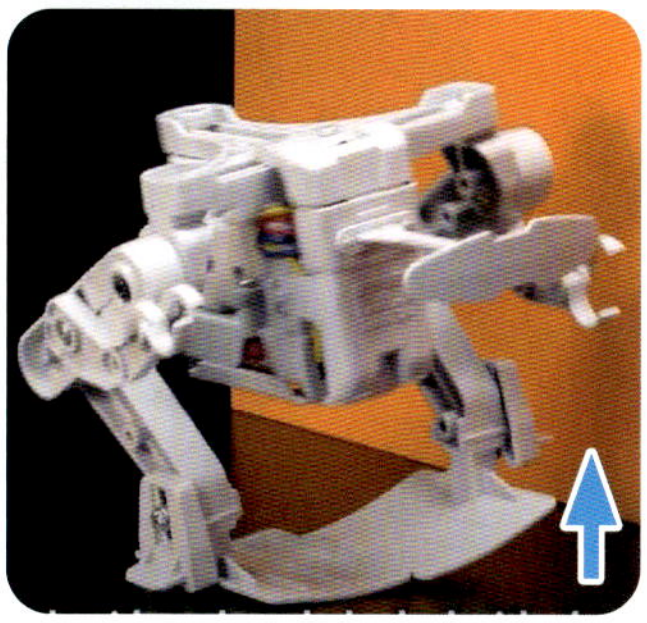

OriHime

オリヒメ

こんなロボットです。

このロボットは、はなれた場《ば》しょにいる人《ひと》といっしょにべん強《きょう》やしごとができるようにして**くれるロボットです。**

どんなときに、何《なに》をたすけてくれるのでしょうか。

このロボットがあれば、

? けがやびょう気《き》で学校《がっこう》に行《い》けない**ときでも、**みんなと話《はな》したり、じゅぎょうにさんかしたりする**ことができます。**

声《こえ》をおくるスピーカー

? 学校《がっこう》に行《い》けない**ときに、**タブレットから言《こと》ばをおくると、教室《きょうしつ》においた本体《ほんたい》を通《とお》して友《とも》だちに話《はなし》を聞《き》かせる**ことができます。**

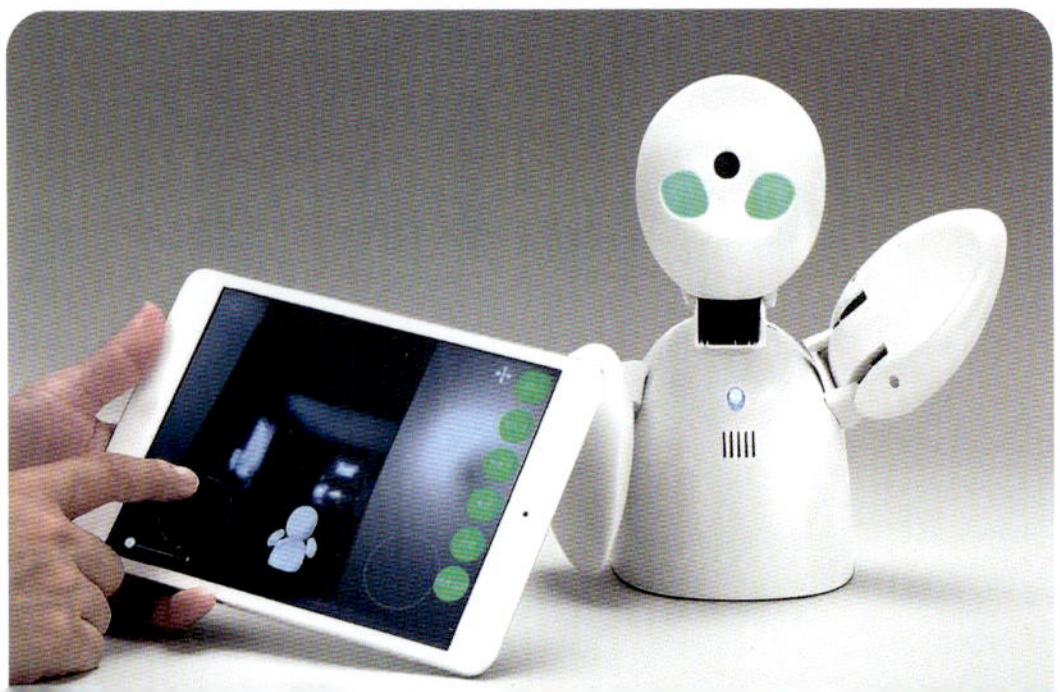

ロボデータ

名《な》前《まえ》	OriHime《オリヒメ》
かいはつ	オリィ研究所《けんきゅうじょ》
大《おお》きさ	高《たか》さ やく23センチメートル
	おもさ やく780グラム

はたらいているようすを見《み》よう

©OryLab Inc.

LED《エルイーディー》で光《ひか》る目《め》

はなれた場《ば》しょにいて気《き》もちがつたえられない**ときでも、**みどり色《いろ》に光《ひか》らせることであい手《て》に自分《じぶん》の思《おも》いを知《し》らせる**ことができます。**

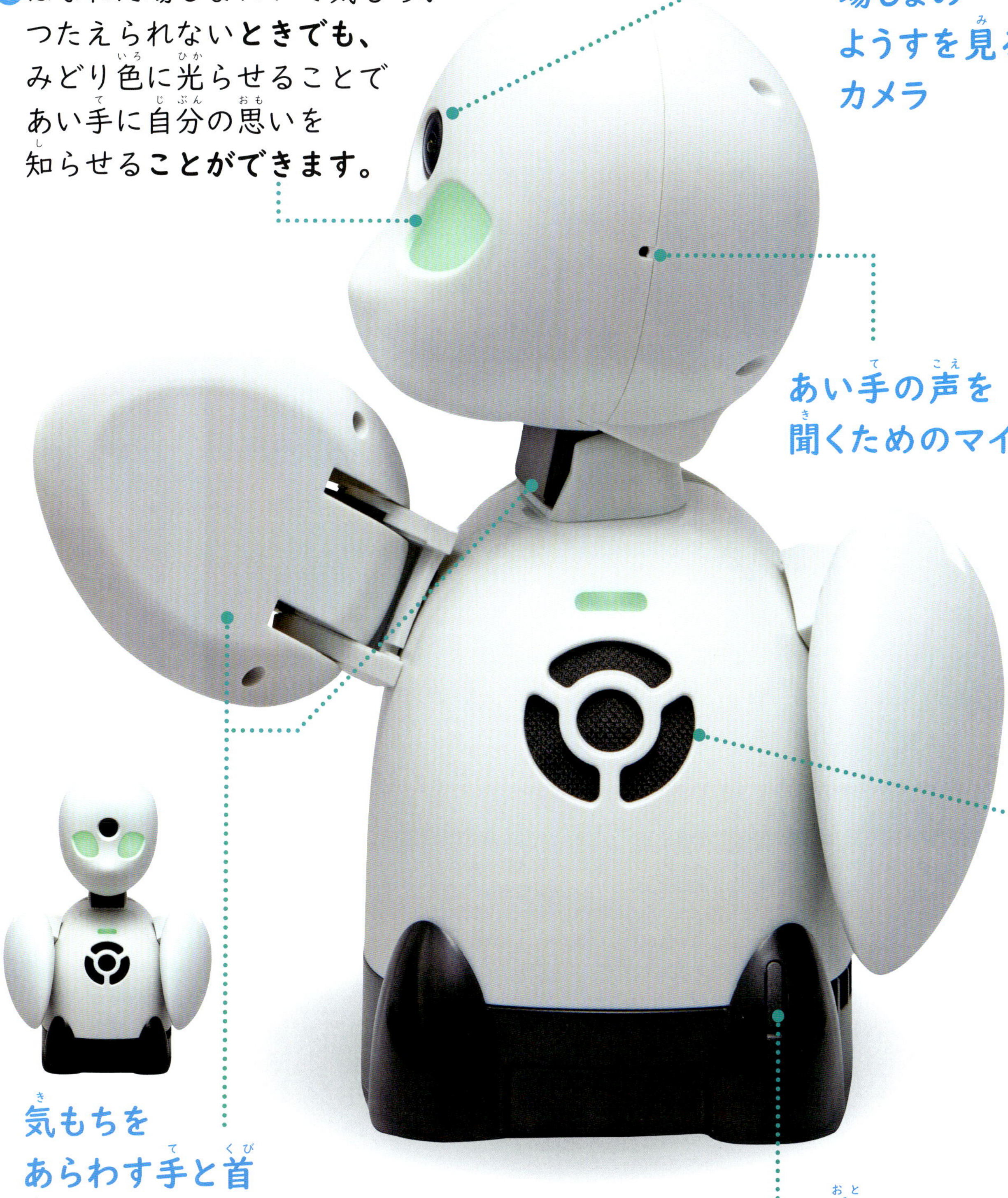

はなれた場《ば》しょのようすを見《み》るカメラ

あい手《て》の声《こえ》を聞《き》くためのマイク

気《き》もちをあらわす手《て》と首《くび》

言《こと》ばだけではつたわらない人《ひと》がいる**ときに、**手《て》をたたいたり、首《くび》をかしげたりして、気《き》もちをつたえる**ことができます。**

音《おと》の大《おお》きさをかえるボタン

BOCCO emo

ボッコ エモ

こんなロボットです。

このロボットは、
遠《とお》くにいる人《ひと》とれんらくして
ようすを教《おし》えて**くれるロボットです。**

どんなときに、何《なに》をたすけてくれるのでしょうか。

このロボットがあれば、
はなれてくらすお年《とし》よりがいる**ときに、**
遠《とお》くから話《はな》しかけてもらったり、
見《み》まもってもらったりする**ことができます。**

ロボデータ

名《な》前《まえ》	BOCCO emo《ボッコエモ》
かいはつ	ユカイ工学《こうがく》／ネコリコ
大《おお》きさ	高《たか》さ やく14センチメートル
	おもさ やく400グラム

はたらいているようすを見《み》よう

メッセージをおくるろく音《おん》ボタン

遠《とお》くにいる人《ひと》に話《はな》しかけたい**ときに、**
このボタンをおして
話《はな》しかけると、
メッセージをおくる
ことができます。

ぶんぶんふって気《き》もちを
あらわすぼんぼり

気《き》もちで色《いろ》がかわるほっぺ

声《こえ》の大《おお》きさをかえるはな

耳《みみ》の聞《き》こえにくい人《ひと》が
メッセージを聞《き》く**ときに、**
つまんで回《まわ》すと、
声《こえ》を大《おお》きくして
つたえる**ことができます。**

耳《みみ》のいいマイク

話《はな》しかける人《ひと》の声《こえ》が小《ちい》さい**ときでも、**
うるさい場《ば》しょにいる**ときでも、**
聞《き》こえやすい音《おと》で
つたえる**ことができます。**

メッセージを知《し》らせるボタン

生活支援《せいかつしえん》ロボット HSR《エイチエスアール》

こんなロボットです。

このロボットは、いろいろなものをはこんで**くれるロボットです。**

どんなときに、何《なに》をたすけてくれるのでしょうか。

このロボットがあれば、
足《あし》をけがした**ときでも、**
遠《とお》くにあるものをとってきてもらう**ことができます。**

じょうずにつかむグリッパー

形《かたち》ややわらかさがちがうものが
ちらばっている**ときでも、**
それぞれに合《あ》わせて、つかむ力《ちから》を
ちょうせつして、かたづける**ことができます。**

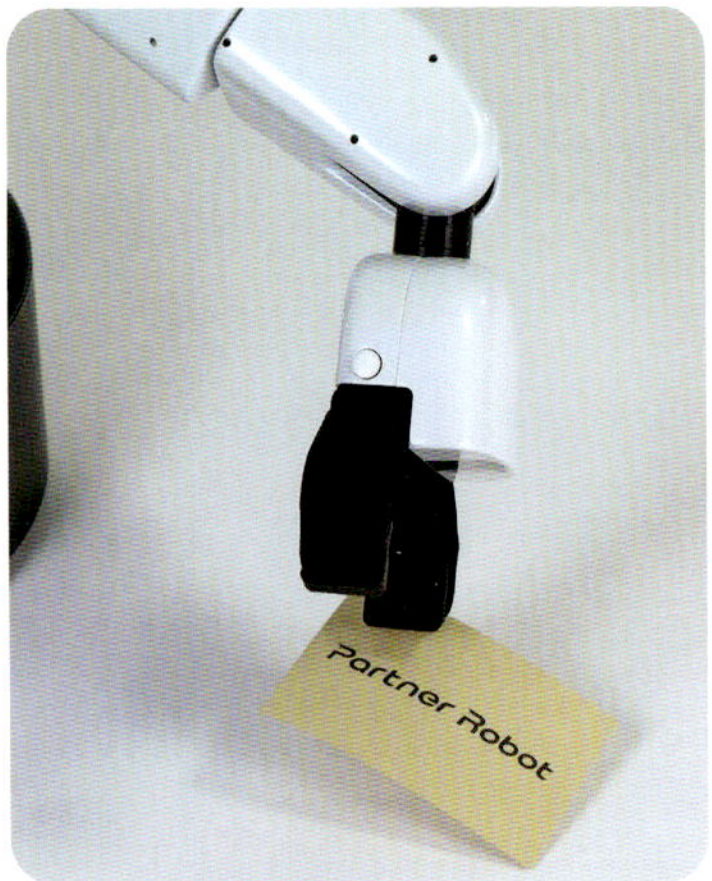

ロボデータ

名《な》 前《まえ》	生活支援《せいかつしえん》ロボット HSR《エイチエスアール》
かいはつ	トヨタ自動車未来創生《じどうしゃみらいそうせい》センター
大《おお》きさ	高《たか》さ やく100～135センチメートル
	おもさ やく37キログラム

はたらいているようすを見《み》よう

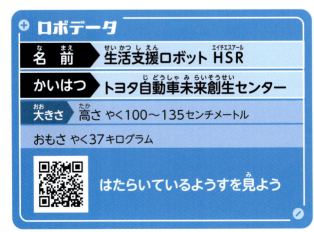

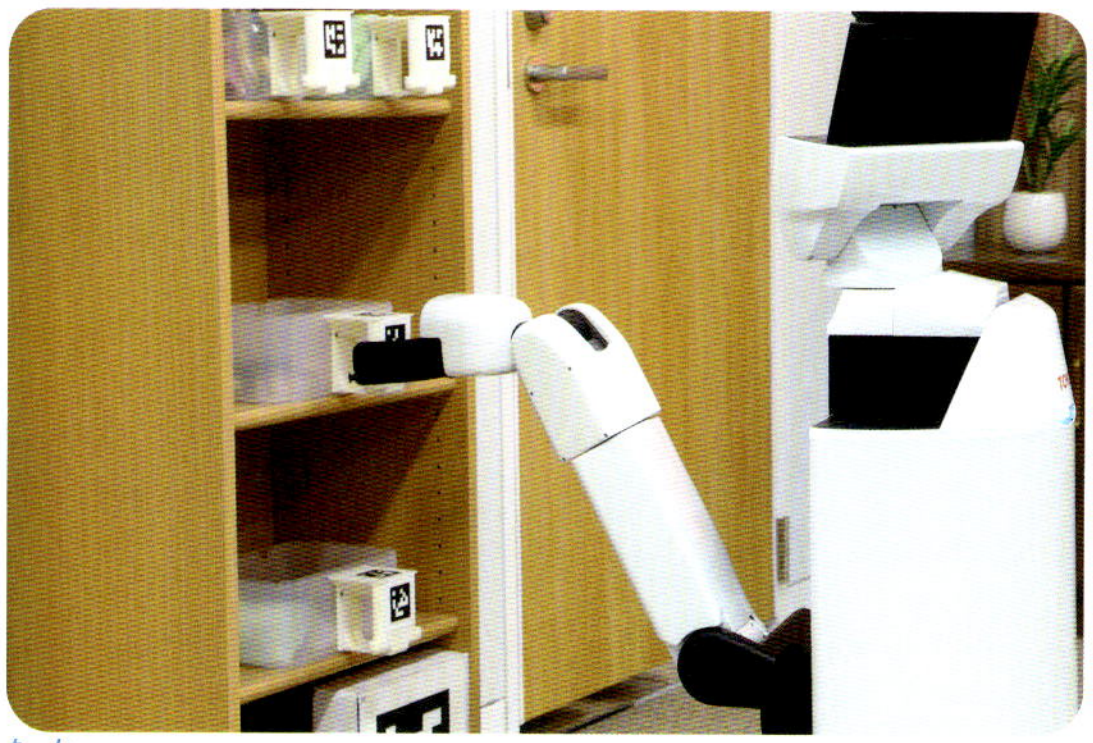

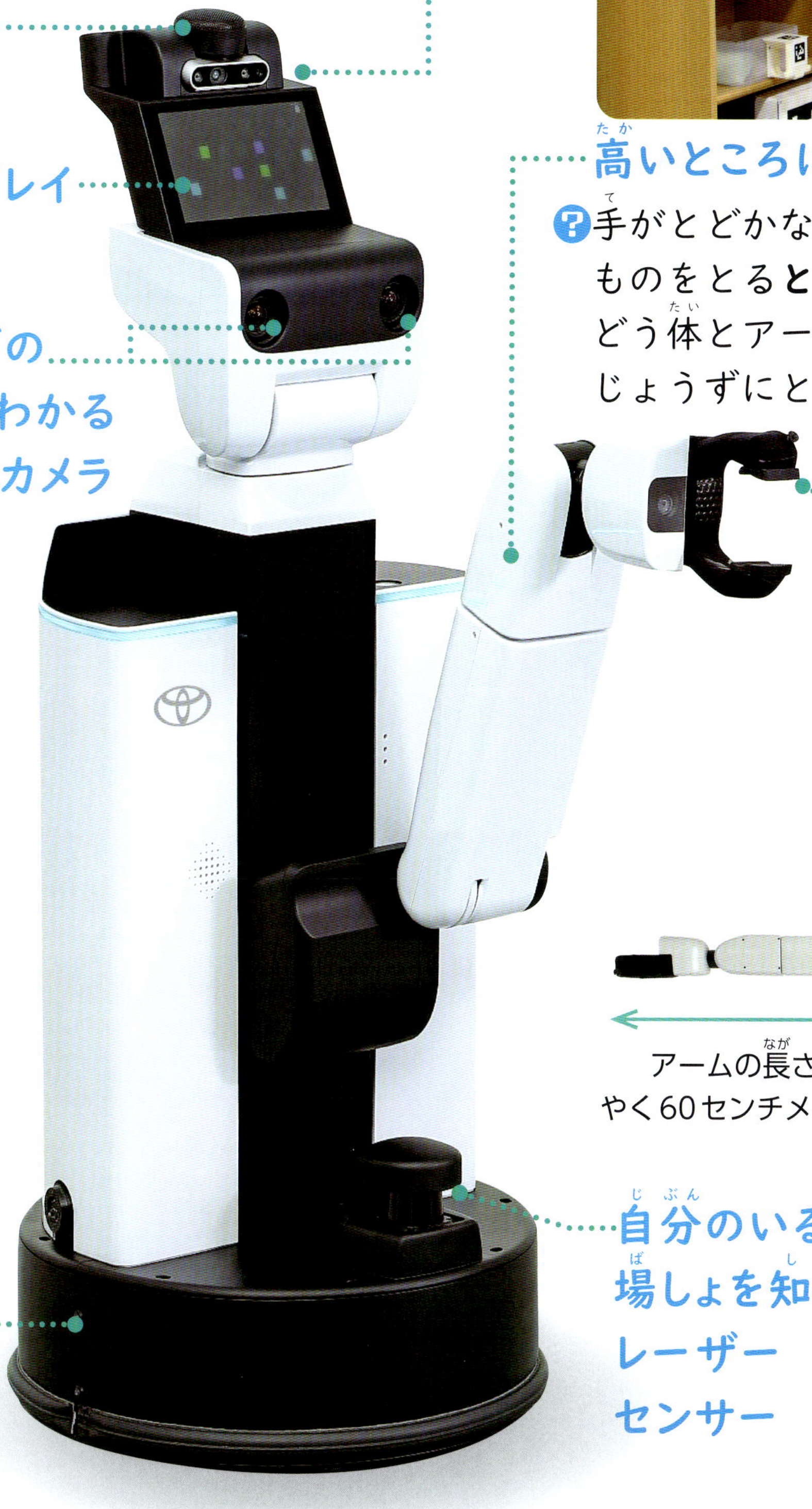

手《て》がとどかない高《たか》い場《ば》しょにある
ものをとる**ときでも、**
どう体《たい》とアームをのばして、
じょうずにとる**ことができます。**

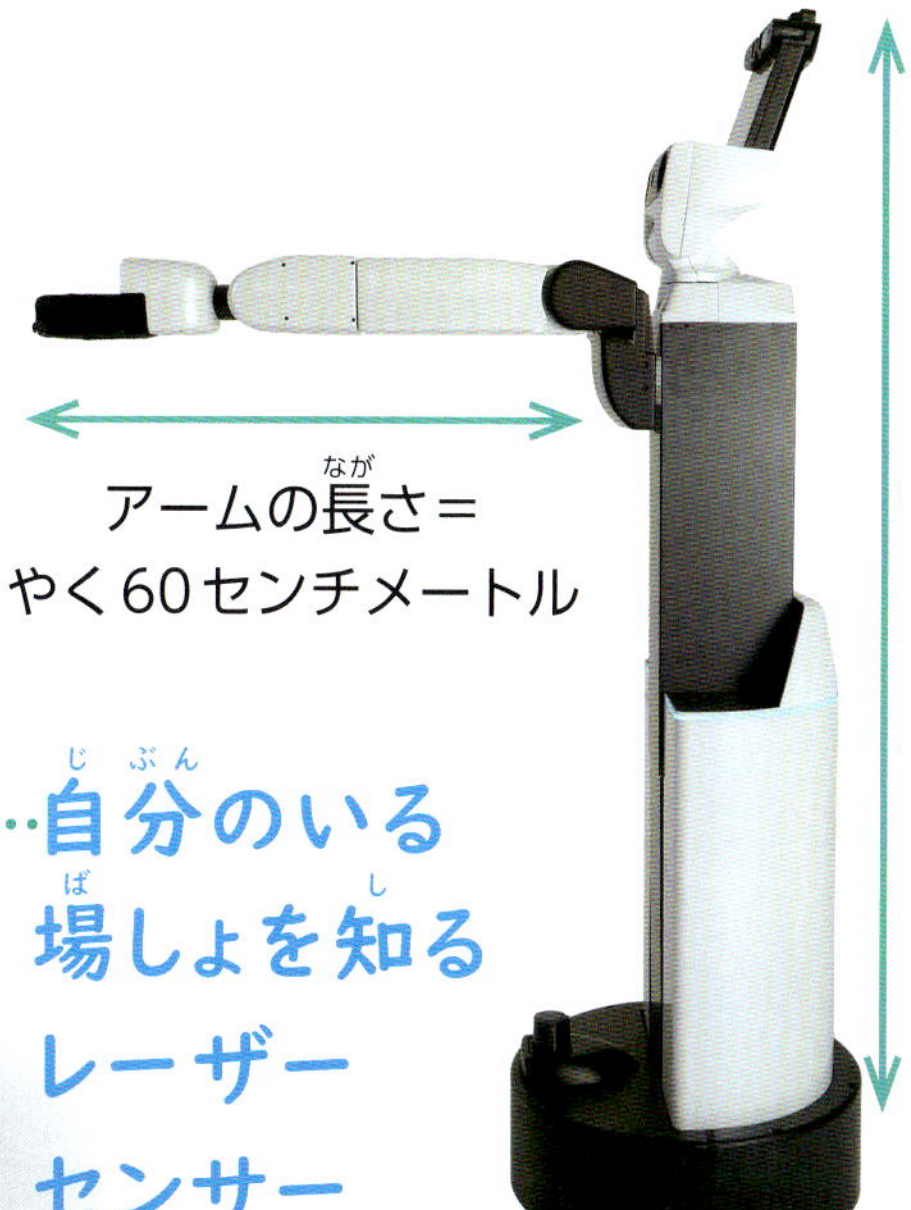

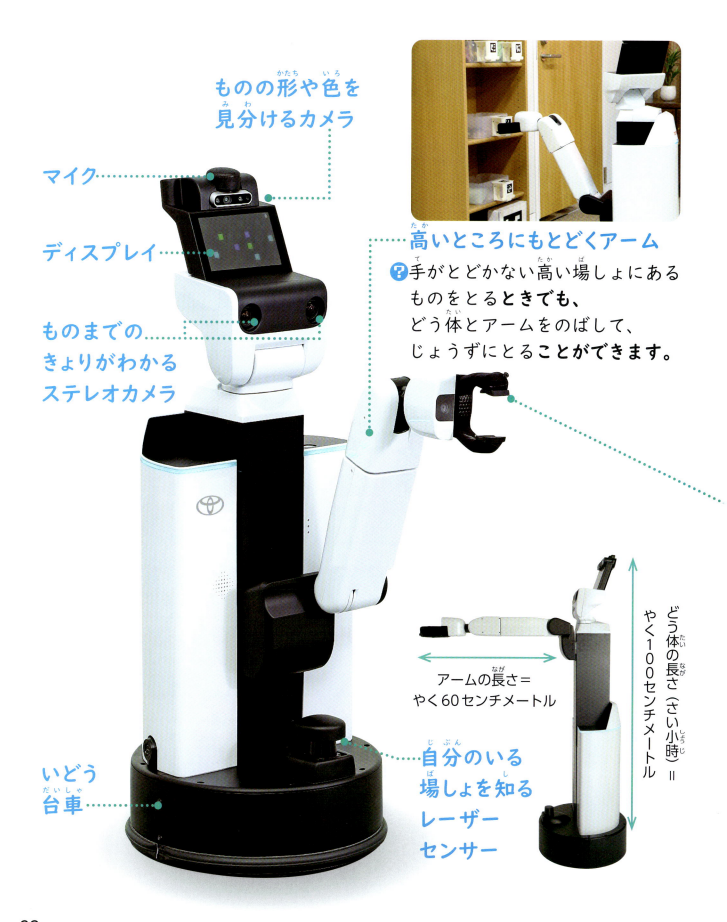

Kachaka

カチャカ

こんなロボットです。

このロボットは、いろいろなものをはこんで**くれるロボットです。**

どんなときに、何《なに》をたすけてくれるのでしょうか。

このロボットがあれば、

? いそがしくてうごけない**ときに、**りょう理《り》などをひつような場《ば》しょでうけとる**ことができます。**

シェルフ（たな）をとりつけたドッキングユニット

? ものがたくさんある**ときでも、**せん用《よう》のたなをとりつけることで、一《いち》どにはこぶ**ことができます。**

ロボデータ

名《な》前《まえ》	Kachaka《カチャカ》
かいはつ	プリファードロボティクス
大《おお》きさ	高《たか》さ やく12.4センチメートル
	おもさ やく10キログラム

はたらいているようすを見《み》よう

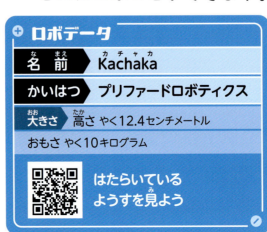

きょりをはかるレーザーセンサー

❓せまい家《いえ》の中《なか》をはこぶ**ときに、**
かべやテーブルとのきょりをはかり、
ぶつからずに
とどける**ことができます。**

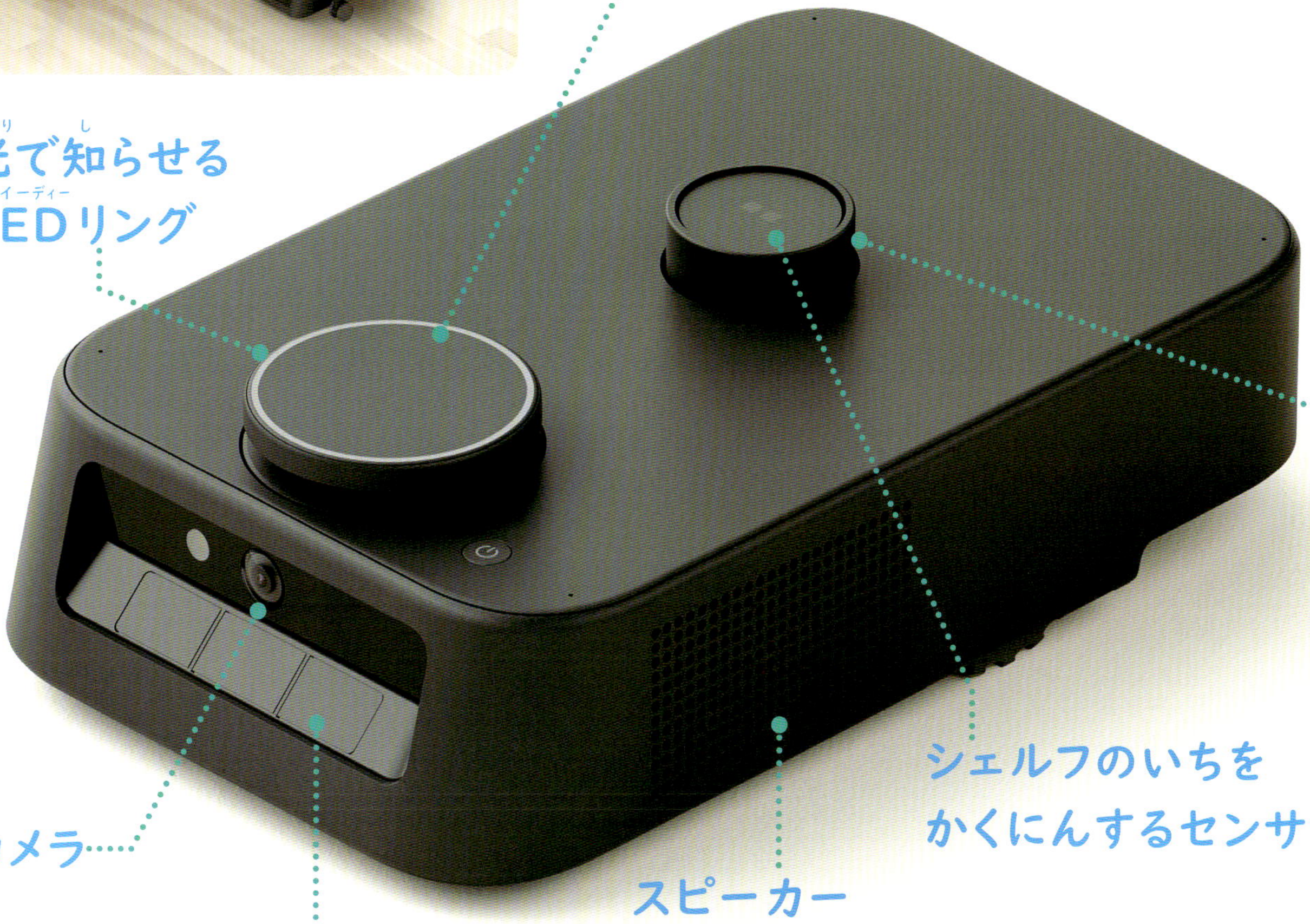

光《ひかり》で知《し》らせる
LED《エルイーディー》リング

カメラ

人《ひと》やものとのしょうとつを
ふせぐ3D《スリーディー》センサー

スピーカー

シェルフのいちを
かくにんするセンサー

せん用《よう》シェルフ（たな）

❓おもくてはこびづらいものが
ある**ときでも、**
二十《にじっ》キログラムまでの
おもいにもつをのせて
とどける**ことができます。**

Braava jet m6

ブラーバ ジェット エムシックス

こんなロボットです。

このロボットは、ゆかのふきそうじをして**くれるロボットです。**

どんなときに、何《なに》をたすけてくれるのでしょうか。

このロボットがあれば、

? ゆかをよごしてしまった**ときでも、**すぐにきれいにふいてもらう**ことができます。**

せまいところにも入《はい》れるボディ

? 手《て》がとどきにくい
ベッドの下《した》などをふく**ときに、**
どんどん入《はい》りこんで
きれいにする**ことができます。**

©iRobot

ロボデータ

名《な》前《まえ》	Braava《ブラーバ》 jet《ジェット》 m6《エムシックス》
かいはつ	アイロボット
大《おお》きさ	はば やく27センチメートル
	おもさ やく2.2キログラム

はたらいているようすを見《み》よう

水《みず》のふき出《だ》し口《ぐち》

? ゆかがひどくよごれている**ときでも、**
水《みず》をいきおいよくふんしゃして、
しっかりふきとる**ことができます。**

水《みず》を入《い》れる
タンク

カメラ

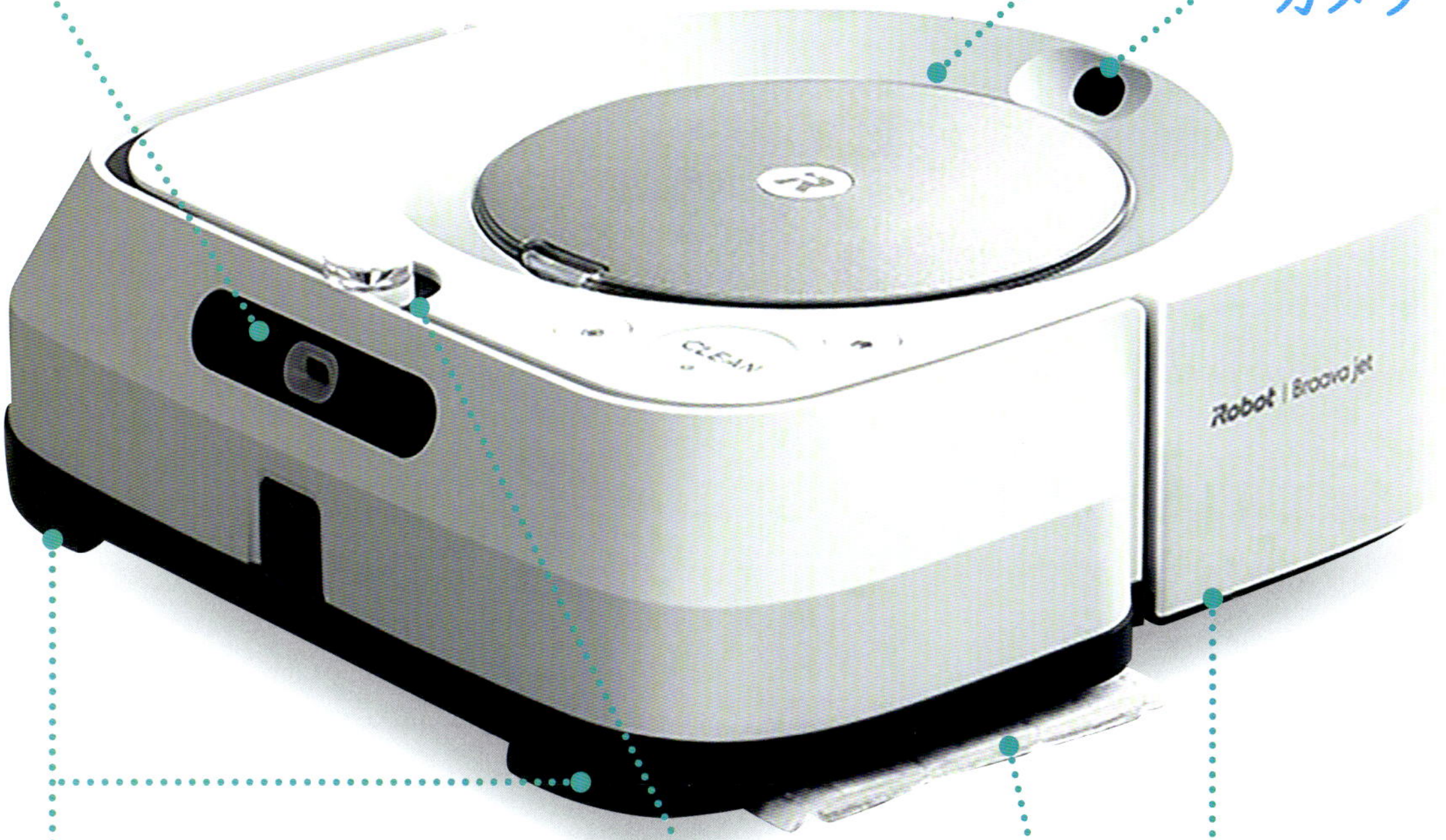

高《たか》さ＝9センチメートル

車《しゃ》りん

じゅう電台《でんだい》と
通《つう》しんする
赤外線《せきがいせん》じゅしんぶ

ゆかをふく
クリーニングパッド

らっ下《か》をふせぐセンサー

? へやにだんさがあるそうじしづらい
場《ば》しょをふく**ときでも、**
ぎりぎりまでふく**ことができます。**

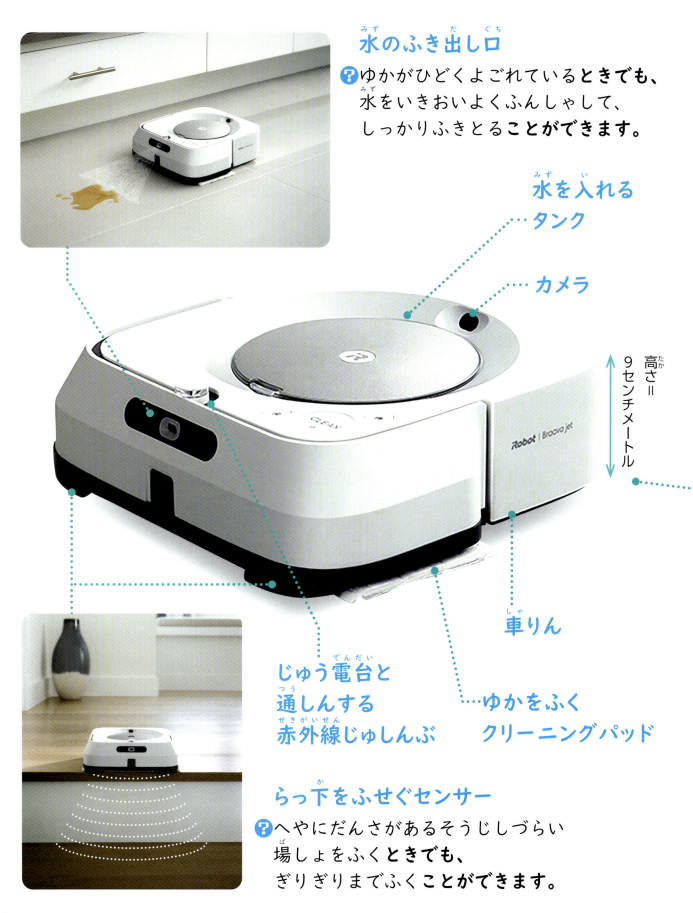

あなたは、どんなロボットがあったらいいなと思《おも》いますか？

家《いえ》へん

この本《ほん》を読《よ》んで、家《いえ》で、ほかに、どんなロボットがあったらいいなと思《おも》いましたか。あなたがしょう来《らい》、作《つく》られてほしいと思《おも》うロボットを、いろいろと考《かんが》えてみましょう。

せんたくものにアイロンをかけてたたんでくれるロボット
——せんたくものがたくさんたまってしまってたいへんなときにたすかるから

いっしょに「ごめんなさい」を言《い》ってくれるロボット
——お父《とう》さん、お母《かあ》さんに一人《ひとり》であやまるのが心細《こころぼそ》いときにたすかるから

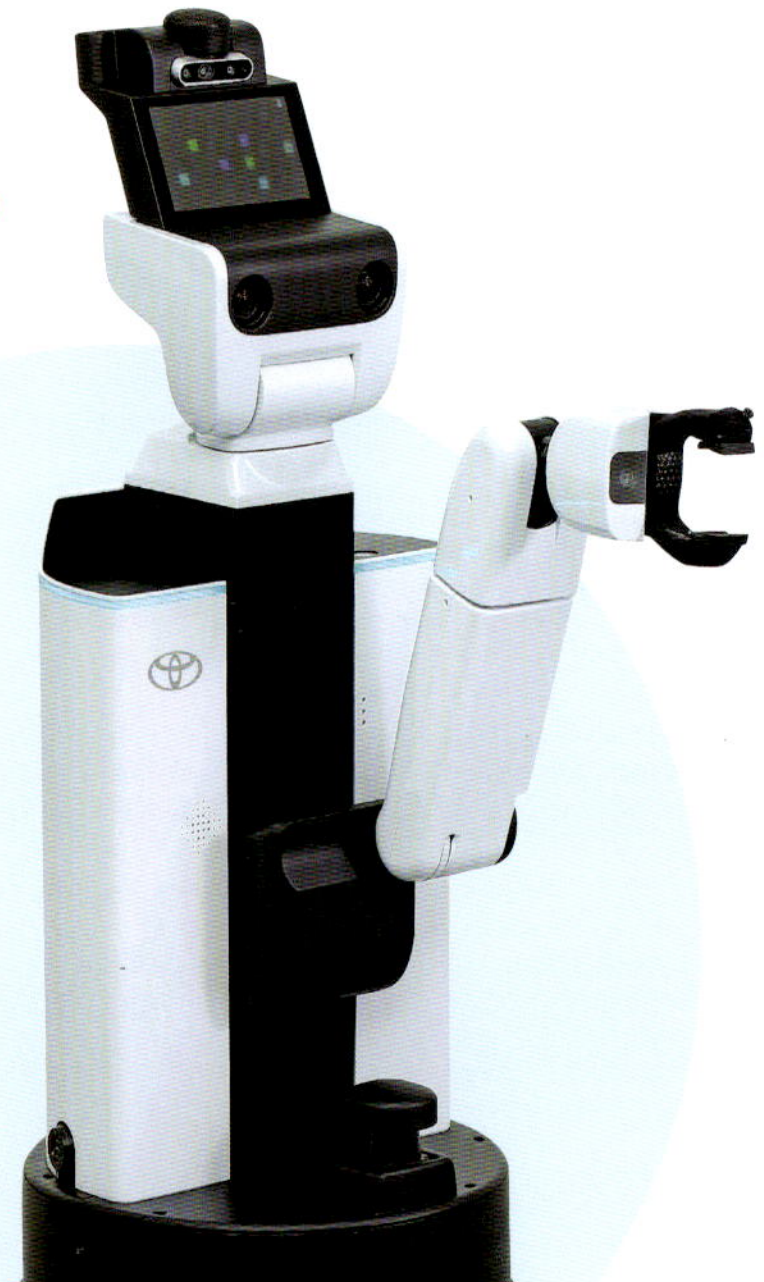

そざいや形《かたち》を見分《みわ》けて作《さ》ぎょうする生活支援《せいかつしえん》ロボット HSR《エイチエスアール》（22ページ）のぎじゅつをおう用《よう》すれば、ふくに合《あ》わせて正《ただ》しくアイロンをかけて、きれいにたたんでもらえるようになるかもしれません。

©TOYOTA

かっているペットの
世話《わ》をしてくれるロボット
——元気《げんき》がなくなったり、びょう気《き》になったり
しそうなときにたすかるから

毎日《まいにち》のこん立《だて》を考《かんが》えて
りょう理《り》も作《つく》ってくれるロボット
——お父《とう》さん、お母《かあ》さんがしごとでいそがしくて
ごはんを作《つく》れないときにたすかるから

るすのとき、知《し》らない人《ひと》がいたら
通《つう》ほうしてくれるロボット
——どろぼうやわるい人《ひと》が来《き》そうでこわい
ときにたすかるから

かたたたきやマッサージを
してくれるロボット
——お父《とう》さん、お母《かあ》さんがつかれて
元気《げんき》のないときにたすかるから

赤《あか》ちゃんをじょうずに
あやしてくれるロボット
——いっしょにるす番《ばん》をしていて
なきやんでくれないときに
たすかるから

人《ひと》の顔《かお》を見分《みわ》け、まわりのようすをおぼえるLOVOT《らぼっと》（6ページ）のぎじゅつをおう用《よう》すれば、戸《と》じまりや家《いえ》の中《なか》の見回《みまわ》りをしてもらえるようになるかもしれません。

みんなをたすける ロボットずかん さくいん（五十音《ごじゅうおん》じゅん）

①

家《いえ》へん

あ

か

さ

た

は

ま

ら

監修

先川原正浩（さきがわら・まさひろ）

1963年（昭和38年）、東京都生まれ。千葉工業大学未来ロボット技術研究センター（fuRo）室長。千葉工業大学大学院金属工学研究科修士課程修了後、電気電子系の書籍企画・編集に従事し、オーム社の『ロボコンマガジン』編集長を務める。その後、fuRo室長に就任。また二足歩行ロボットによる格闘競技大会「ROBO-ONE」の委員会副代表をはじめ、多くのロボットコンテストの委員・審査員を務めるほか、国立科学博物館の「大ロボット博」関連企画を手がけるなど、子どもたちにわかりやすくロボットを説明・紹介する活動を積極的に続けている。

編集
株式会社クウェスト フォー
入澤 誠　山口邦彦　伊東美保　八田宣子

ブックデザイン
株式会社ダグハウス
佐々木恵実　松沢浩治

編集担当
門脇 大

写真・編集協力一覧
アイロボットジャパン合同会社
AKA株式会社
株式会社オリィ研究所
GROOVE X 株式会社
シャープ株式会社
ソニーグループ株式会社
有限会社ソリューションゲート
株式会社タミヤ
トヨタ自動車株式会社未来創生センター
合同会社ネコリコ
株式会社プリファードロボティクス
株式会社MIXI
ユカイ工学株式会社
ユニロボット株式会社

表紙写真一覧
［一段目右より］
BOCCO emo、aibo、Romi
［二段目右より］
RoBoHoN、生活支援ロボット HSR
［三段目右より］
unibo、重心移動歩行ロボット、Kachaka
［裏表紙］
LOVOT
［背表紙］
Musio

みんなをたすける **ロボットずかん**
①家

2025年3月　初版第1刷発行

監修　先川原正浩

編集　株式会社クウェスト フォー
発行者　三谷 光
発行所　株式会社汐文社
〒102-0071　東京都千代田区富士見1-6-1
TEL 03-6862-5200　FAX 03-6862-5202
https://www.choubunsha.com

印刷　新星社西川印刷株式会社
製本　東京美術紙工協業組合

ISBN978-4-8113-3203-1

ワークシート

あなたがあったらたすかるなと思《おも》う ロボット

名前《なまえ》

年《ねん》　組《くみ》

わたしは、

（しらべたロボットの名前《なまえ》を書《か》きましょう）

という
ロボットについて
せつ明《めい》します。

このロボットは、

（何《なに》をしてくれるかをしらべて書《か》きましょう）

くれるロボットです。

このロボットがあれば、

（どんなときにたすけてくれるかをしらべて書《か》きましょう）

ときでも、
（ときに、）

（何《なに》をしてくれるかをしらべて書《か》きましょう）

ことができます。

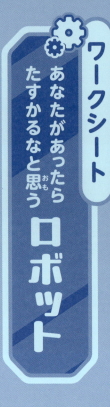